理科の力で考えよう！

わたしたちの地球環境

③

森と土を守ろう

川村康文［著］

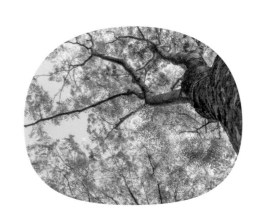

はじめに

　理科は、身のまわりのふしぎなことを楽しく学ぶ教科です。しかも理科で学ぶ内容は、わたしたちが生活していくうえで欠かすことができません。現在、環境問題が人類にとって最も重要な課題になっています。森林ばっ採によって、空気中に出された二酸化炭素を吸収してくれる植物がへったり、森林があることで比較的おだやかだった気候が、あたたまるのも冷えるのもはげしくなったりします。とくに、コンクリートアイランドとよばれる大都会では森がないため、まわりの土地よりも暑くなってしまうヒートアイランド現象が起きています。また、森の土は水をきれいにしてくれます。そしてその土は森が生み出しています。しかし、近年では、山に木の根がはりめぐらされることで、地くずれが起こらなかったのに、木を切りすぎて、大雨のあとでがけくずれが起こって大きな被害が発生したりしています。森を守り土を大切にしていくことは、わたしたち人類全員にとっての努力目標といえます。森と土について深く学ぶことで、安全で安心な生活を守っていきましょう。

川村　康文

もくじ

この本の使い方

この本は、「森と土」にまつわる5つのテーマをしょうかいしています。1つのテーマは3つの内容からなります。まずは、①森と土の基本的なはたらきを理解したうえで、②森と土にかかわる環境問題を考えてみましょう。また、③そのテーマに関連したかんたんな実験や体験、最先端の科学技術の話題もしょうかいしています。

テーマに関係する理科の
学習内容をチェック！

学習する学年と、教科書の単元をのせています。小学校で習わない内容は「中学生以上」と書いてあります。

空気、水、森と土は、環境の中で深くかかわり合っているよ！
ほかの巻もぜひ読んでみよう！

※本の中では、1巻の「空気」は空気、2巻の「水」は水、3巻の「森と土」は森と土で表しています。

①森と土のはたらきを知ろう！

②環境問題を知ろう！

③やってみよう！ 調べてみよう！

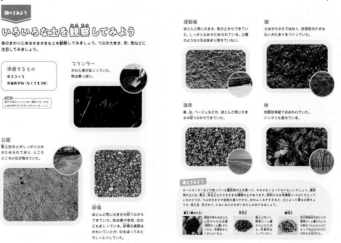

実験や体験は、かならずおとなといっしょにおこないましょう。

地球をおおう土

地球は「水」の惑星とよばれているけれど、「土」の惑星でもある。
「土」は地球にだけある、特別なものなんだよ。

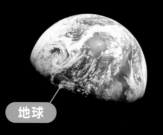

地球

月面にあるのは土では
なく、岩石が細かくくだ
かれた砂。
（出典：NASA/Bill Anders）

月

そもそも土ってなんだろう？

何からできている？

「土」は、岩が細かくくだかれたものに、死んだ動物や植物が分解（→P.19）されたものがまざってできます。土は生き物がいる場所でしかできません。土は、そのつぶのすき間に水や空気をふくんでいます。

土

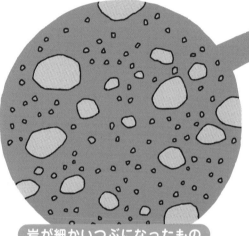

岩が細かいつぶになったもの

つぶの大きさによって、れき（小石）、砂、どろなどに分けられる（→P.8）。

死んだ動物や植物が分解されたもの

動物の死がいやふん、かれた植物は有機物（→P.47）をたくさんふくんでいる。これらは土の中の生き物（→P.16〜19）のはたらきによって細かく分解され、無機物（→P.47）などに変わる。

土は森を育てる

有機物がたくさんある土は、植物の養分となり、植物を育てる土台となります。植物は森をつくり、そこには多くの生き物がくらしています。

土は食べ物を育てる

養分たっぷりの土は、わたしたちの食べ物を育てます。毎日食べているもののほとんどは、土によって育まれたものです。

地球があぶない！

地球の表面は空気、水、土や植物でおおわれていて、地球の環境をつくっている。
いま、その環境がこわれつつあるんだって。森と土は、さまざまな性質をもっている。
この本では、そこに注目しながら、森と土にかかわる環境問題について見ていこう。

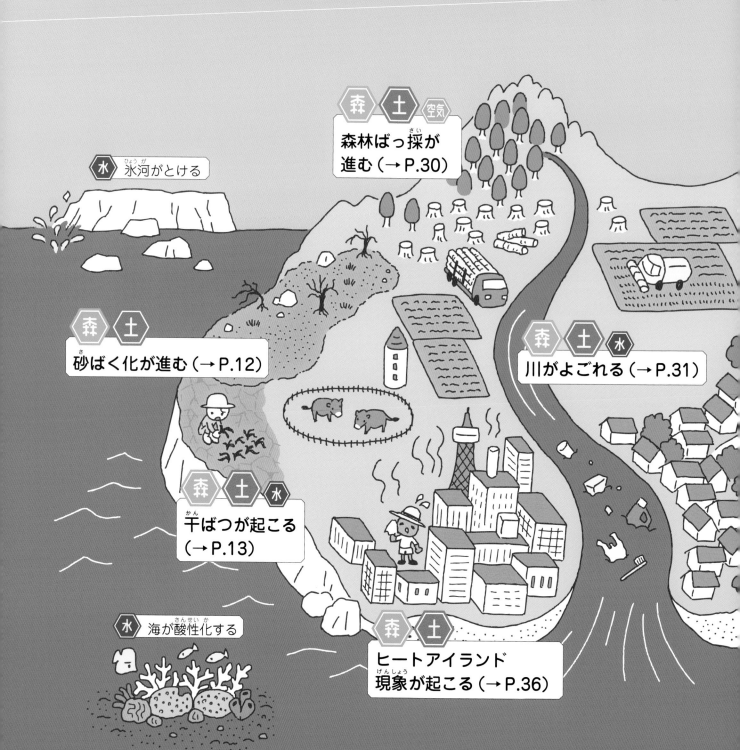

氷河がとける

森 土 空気
森林ばっ採が
進む（→P.30）

砂ばく化が進む（→P.12）

川がよごれる（→P.31）

森 土 水
干ばつが起こる
（→P.13）

海が酸性化する

森 土
ヒートアイランド
現象が起こる（→P.36）

水 空気 巨大台風、集中豪雨、巨大竜巻が発生する

空気 気温が上がり続けている

森 土 水 土砂災害が起こる（→P.31）

二酸化炭素（CO₂）

空気 二酸化炭素が増える

水 海水温が上がっている

空気 化石燃料が燃やされる

空気 大気汚染物質が風にのって運ばれる

水 酸性雨がふる

森 土 水 プラスチックごみが増える（→P.22）

水 海面が上がる

① 土はどうやってできるの？

土は、足元のわずか数mの深さまでしかない。土の下はどうなっているのかな？
また、土はどうやってつくられるんだろう？

地面の下はどうなっている？

地面（土）の下には、つぶの形や大きさ、色がちがう、「れき（小石）」、「砂」、「どろ」などが層になって積もっています。これを「地層」といいます。多くの地層は、川の流れによって運ばれた、「れき」、「砂」、「どろ」などが積もることでできます。また、火山がふん火したときに、火山灰などが積もることでもできます。

土

どろ

つぶの大きさが0.06mm以下。さらさらしている。

砂

つぶの大きさが0.06mm〜2mm。さらさらしている。

れき

つぶの大きさが2mm以上の小石。砂とまじって層になっている。

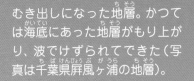
むき出しになった地層。かつて
は海底にあった地層がもり上が
り、波でけずられてできた（写
真は千葉県屛風ヶ浦の地層）。

土のでき方

土のもとは岩石です。それが風や水などで細か
くくだかれ、れきや砂、どろに変わり、そこへ
かれた植物や、動物の死がいの一部が有機物
（→P.47）として加わってつくられます。土の
もっとも表面の部分は「表土」とよばれています。

日本の土の約15%は、火山
灰がもとになった「黒ボク
土」におおわれている。落葉
などの有機物が多いため、こ
のような黒い色をしている。

❶岩のかたまり。

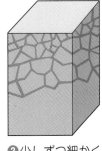

❷少しずつ細かく
　なる。

❸有機物が加わり、
　土になる。

貴重な土がどんどん失われている！？

土がどんどん
失われている

1cmのあつみの土ができるには、100～1000年かかり、さらに1mの
あつさになるには1万～10万年もかかる。土は貴重な地球の資源なん
だ。その土が、現在ではどんどん元気をなくし、失われつつある。

5億年かけてつくられた土

生き物は約38億年前、海の中で
誕生しました。今から約5億年
前、最初に植物の祖先が上陸し、
ほかの生き物も次つぎと陸へ上
がりました。そのころの地上には
土はなく、岩やれき（小石）、砂、
どろだけの世界でした。上陸した
植物やそのほかの生き物が、砂や
どろに有機物（→P.47）としてま
じり、土を育んでいったのです。

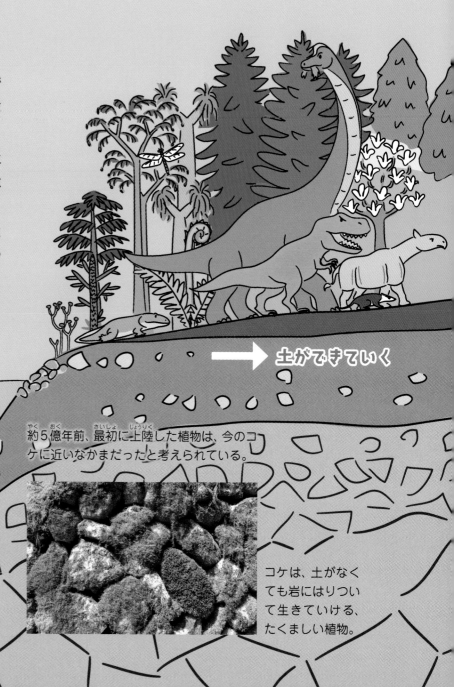

→ 土ができていく

約5億年前、最初に上陸した植物は、今のコ
ケに近いなかまだったと考えられている。

コケは、土がなく
ても岩にはりつい
て生きていける、
たくましい植物。

どんどんへっていく土

長い年月をかけてできた貴重な土。現在では、新しい土が誕生するよりも早く表土（→P.9）が失われているといわれています。草や木が生えている土地では、植物が根をはり、表土をつなぎとめておく役割をしています。ところが、木や草をかって農地にすると、土がむき出しになるため、風や雨によって表土が失われやすくなります。また、地下水のくみすぎで、地下水にとけている塩が地上へ移動し、表面に集まる「塩類集積」も問題になっています。

土をアスファルトでおおう

土をアスファルトでおおうことで、熱がこもるヒートアイランド現象（→P.36）が起こりやすくなる。

土砂災害で土が流される

はげしい雨によって土が川へ流れることで、失われる（→P.31）。

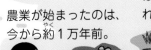
農業が始まったのは、今から約1万年前。

農業が土の力をうばう

化学肥料や農薬などを使いすぎると、土の中の養分のバランスがくずれ、土の中の生き物がすみづらくなってしまう（→P.20）。

塩が土にたまって、白くなっている農地（写真は北アメリカのカリフォルニア州）。
（出典：Scott Bauer）

草原を畑にするために、土をおさえていた草をかったことで、地表が乾燥。その結果砂嵐がたびたび起こり、表土の多くがはぎとられた（写真は1935年の北アメリカのテキサス州の砂嵐のようす）。
（出典：NOAA George E. Marsh Album, theb1365, Historic C&GS Collection）

進む砂ばく化

土が失われると、植物が生えなくなり、その土地は砂ばくになってしまうことがある。このように、もともと草木が生えていた場所が、岩や砂だらけの乾燥した土地になっていくことを「砂ばく化」というよ。

砂ばくの種類

「砂ばく」とは、雨がほとんどふらず、極端に乾燥した地域のことを指します。「砂ばく」というと、さらさらの砂が広がっていると思うかもしれません。これは「砂砂ばく」といい、全体の砂ばくの20％ほどしかありません。残りの80％は、岩や石などからなるものなど、さまざまな砂ばくがふくまれます。砂ばく化が進行すると、多くの生き物がくらせなくなってしまうばかりか、農作物もとれなくなり、食料不足が起こってしまいます。

岩石砂ばく

岩石がむきだしになっている。

北アメリカ西部のモハベ砂ばく。

れき砂ばく

れき（小石）でおおわれている。

サハラ砂ばく。サハラ砂ばくのうち約70％はれき砂ばく。

砂砂ばく

砂でおおわれている。

アフリカ大陸北部にあるサハラ砂ばく。

このほかに、土やねん土におおわれている「土砂ばく」や、塩分を多くふくむ砂ばくもあるよ

砂ばく化の原因

砂ばく化の原因のひとつとして、長い間雨がほとんどふらなくなる「干ばつ」が挙げられます。地球温暖化にともない、干ばつの起こる割合はより増えるといわれています。また、いきすぎた森林ばっ採（木を切ること）や、地下水をくみ上げる「灌漑」のやりすぎによる塩類集積（→P.11）も砂ばく化を進めてしまうと考えられています。このように、砂ばく化の原因の多くは、人間の活動にあるのです。

〈空気〉温暖化について見てみよう

トウモロコシが干ばつによってかれてしまっている（写真は北アメリカのテキサス州）。

砂ばく化を監視する
人工衛星や飛行機などから砂ばく化の状態をチェックする。

砂ばく化をふせぐ

世界では砂ばく化をふせぐためのさまざまな取り組みがおこなわれています。砂ばく化がどれくらい進んでいるか、調査をおこなったり、植物を植えて根づかせることで、砂がふき飛ばされにくくしたり、無理な灌漑をおこなわないなど、持続的（ずっと続けていける）農業をおこなうことなどが大切です。

砂がふき飛ばされないようにする
乾燥に強い植物を植える。植物が根づくと砂が根で固定されるため、風でふき飛ばされにくくなる。

乾燥に強いヤナギの木などを植えるといいよ

塩分をふくんだ水をはい水する
塩分をふくんだ水を地下のパイプを通して流すことで、塩分が土の表面にたまることをふせぐ。

少しずつ水を作物にあたえる
農地にはりめぐらせたチューブ内に水を流し、「点滴」のように少しずつ作物にあたえる。水の使い過ぎをふせぐことができる。

いろいろな土を観察してみよう

身のまわりにあるさまざまな土を観察してみましょう。つぶの大きさ、形、色などに注目してみましょう。

準備するもの
- スコップ
- 虫めがね（なくても OK）

注意！
畑や水田など人の土地で観察するときは、土地の持ち主にゆるしをもらいましょう。

プランター
かれた草がまじっていた。色は黒っぽい。

公園
黄土色の土がしっかりふみかためられており、ところどころ小石が落ちていた。

砂場
ほとんど同じ大きさの砂つぶからできていた。色は黒や茶色、白などもまじっている。砂場の表面はかわいていたが、中をほってみたらしっとりしていた。

運動場

ほとんど同じ大きさ、色の土からできていた。しっかりふみかためられている。公園のような小石はあまり落ちていない。

畑

土はさらさらではなく、赤茶色の小さな丸いかたまりをつくっていた。

海岸

黒、白、ベージュなどの、ほとんど同じ大きさの砂(すな)つぶからできていた。

林

地面は落葉でおおわれていた。
ドングリも落ちている。

考えてみよう

ホームセンターなどで売っている園芸(えんげい)用の土を買って、それぞれくらべてみてもいいでしょう。園芸用の土には、黒土(くろつち)、赤玉土(あかだまつち)などさまざまな種類(しゅるい)の土があります。肥料となる有機物(ゆうきぶつ)(→ P.47)が入っているかどうか、つぶの大きさや空気の通りやすさ、水のふくみやすさなど、土によって異なる特(とく)ちょうや、見た目、手ざわり、においなどのちがいをたしかめてみましょう。

黒土(くろつち)(黒(くろ)ボク土(ど))

関東平野をおおう火山灰(ばい)からなる地層(そう)(関東(かんとう)ローム層(そう))からとれた、有機物をたくさんふくむ土。

赤玉土(あかだまつち)

黒土(くろつち)と同じく、関東(かんとう)ローム層(そう)からとれた赤土。有機物(ゆうきぶつ)は入っていない。

鹿沼土(かぬまつち)

栃木県鹿沼市(とちぎけんかぬまし)あたりの関東(かんとう)ローム層(そう)からとれる軽石(火山ふん火によって放出された石)(せいぶん)がおもな成分の土。

土の中は生き物でいっぱい

地面の上をじっと観察してみよう。土の中をほってみてもいい。
どんな生き物に出会えるかな?

落葉の下には…

ダンゴムシ
落葉などの有機物(→P.47)を食べている。落葉、石の下など、じめじめしたところにいる。

生き物を観察してみよう

土にはたくさんの生き物がくらしています。見つけた生き物の色や形、大きさなどを調べましょう。また、見つけたときに生き物がどんなようすだったのか、記録してみましょう。

11月29日　晴れ
・見つけた生き物　ダンゴムシ
・場所　花だんの石の下
・大きさ　5mm
・色　灰色
・ようす　丸いまま、動かなかった。

土の中には…

ミミズ
土の中の落葉などの有機物を食べ、栄養たっぷりの土に変えている。

カブトムシのよう虫
落葉が分解（→P.19）された「腐葉土」という栄養たっぷりの土を食べたり、くち木を食べたりしている。成虫になるまで、土の中でくらしている。

足元にいる土の中の生き物

こんなにいるよ！

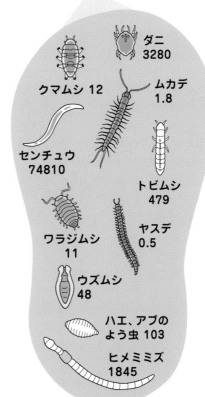

ダニ 3280

クマムシ 12

ムカデ 1.8

センチュウ 74810

トビムシ 479

ワラジムシ 11

ヤスデ 0.5

ウズムシ 48

ハエ、アブのよう虫 103

ヒメミミズ 1845

東京都明治神宮の森での、くつ底の面積の土の中にくらす生き物の数（細菌、カビなどはふくまれていない）。

（出典：『自然の診断役土 ダニ』NHKブックス 青木淳一著をもとに作画）

落葉は生き物の食料になる

毎年、秋になると木の葉が落ちるのに、地面が落葉でいっぱいにならないのはなぜだろう。それは、土にくらす生き物がせっせと落葉を食べているからだよ。

土にくらすおもな生き物

土にくらす生き物は、落葉やかれ草、動物のふんや死がいなどの有機物（→P.47）を食べて、細かくしている。そうすることで、微生物（カビや細菌などの小さな生き物）が分解（→P.19）しやすくなる。このように、落葉の下にある土は、有機物の分解が進んでいる。

畑のミミズのふん。細かい団子状になっている。

ぼくらが落葉やふん、死がいを分解していくよ！

ミミズ

ヤスデ

微生物（カビ、細菌、原生生物など）

ミミズやヤスデなどの消化管の中には、細菌などの微生物がくらしており、食べた有機物を微生物の力によってより細かく分解していると考えられている。こうして出されたふんは、栄養豊かな土の一部となる。

落葉や死がい、ふんを分解する「分解者」

光合成（→P.47）によって無機物（→P.47）からでんぷんなどの有機物をつくり出す植物は「生産者」といい、また、それを食べる動物は「消費者」といいます（→P.40）。いっぽうで、かれた植物や動物の死がい、ふんなどの有機物を無機物などに変えるもの（ミミズ、ヤスデ、微生物など）がいます。これらは「分解者」とよばれています。落葉、死がい、ふんは土にくらす生き物によって食べられ、細かく分解されていきます。最終的に微生物によって有機物から無機物へと変えられます。無機物は、生産者である植物の養分として使われます。

生産者
有機物をつくる。

消費者
有機物を食べる。

有機物　　有機物　　有機物

植物の
養分となる。

分解者
有機物を分解する。

無機物

空気　光合成について見てみよう

ダンゴムシ

トビムシ

ダニ

土の中の生き物がすめなくなってきている？

土の力が
うばわれている

分解者である土の生き物たち（→P.18）は、土をふかふかにする力がある。
でも、農薬や草をからす除草剤、化学肥料などを土にあたえすぎると、土の
中の生き物たちは死んでしまい、土も元気がなくなってしまうんだ。

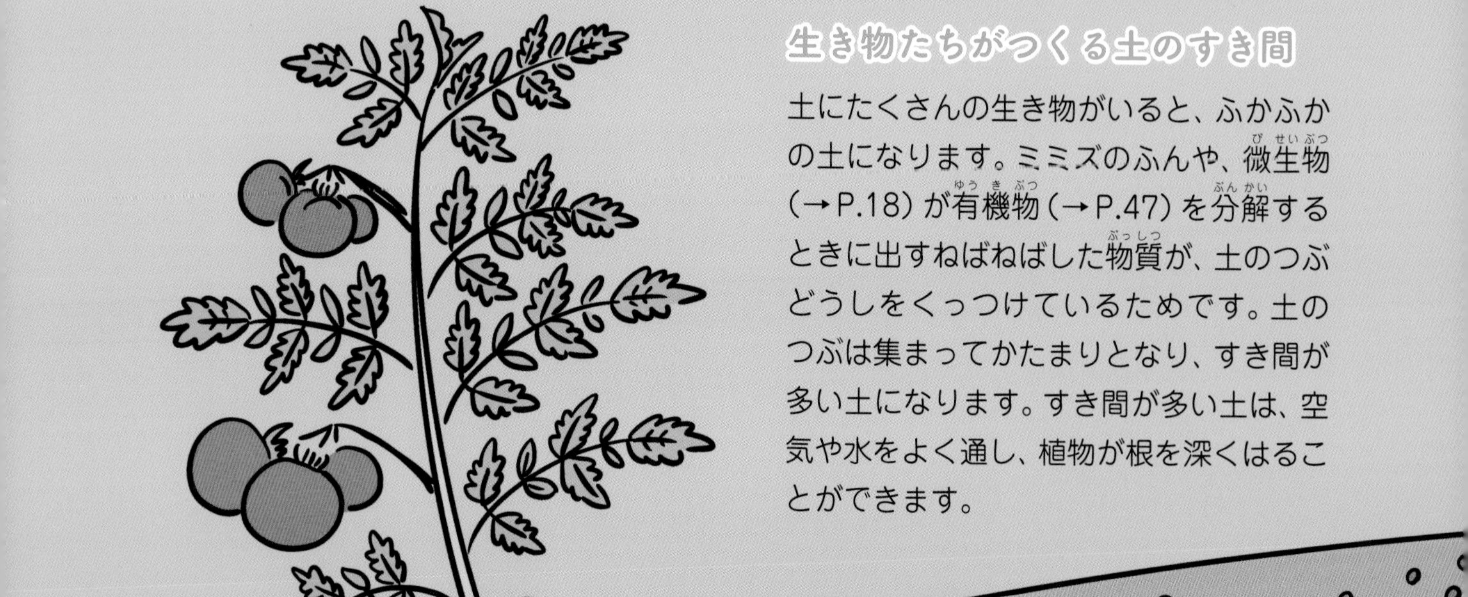

生き物たちがつくる土のすき間

土にたくさんの生き物がいると、ふかふか
の土になります。ミミズのふんや、微生物
（→P.18）が有機物（→P.47）を分解する
ときに出すねばねばした物質が、土のつぶ
どうしをくっつけているためです。土の
つぶは集まってかたまりとなり、すき間が
多い土になります。すき間が多い土は、空
気や水をよく通し、植物が根を深くはるこ
とができます。

すごしやすい！

団粒構造

土の中に多くのすき間ができ、空
気や水が入りこみやすくなった
土の構造。必要な空気や水分が植
物の根から吸収され、あまった水
は、すき間から下へと流れ出る。

土の力をうばう農業

ふかふかの土ができるのは、土の中の生き物たちのおかげです。農薬や除草剤、化学肥料にたよった農業では土の生き物たちを死なせてしまうことになります。また、大型トラクターによって土をふみかためると、団粒構造がこわれてしまう可能性もあります。こうなってしまうと、細かい土のつぶがすき間がなく集まった状態となり、植物が育ちにくくなります。

単粒構造と団粒構造とでは、土のつぶの大きさがことなる。

（写真提供：小野裕〈信州大学農学部〉）

農薬をひんぱんにまく。

化学肥料をたくさんあたえる。

肥料

くるしい…

単粒構造

小さなつぶだけからなる土の構造。すき間がないため、水分や養分が残ってしまい、空気も通らず、根がくさりやすくなる。

もっと知りたい！

ふかふかの土のつくり方

「たい肥」とは、いなわらや落葉などの有機物を、ミミズなどの生き物や微生物のはたらきで分解したものです。土の中の有機物は、少しずつ消費されてへっていきます。有機物がへると、団粒構造もくずれて、単粒構造にもどってしまいます。そうならないため、栄養たっぷりのたい肥を土に加えてあげ、土の中の生き物を元気にしてあげることが大切です。

たい肥の山。

プラスチックは分解するまで長い時間がかかる

土の中の生き物は、なんでもかんたんに分解（→P.19）できるわけではない。たとえば、ペットボトルは「プラスチック」という原料からできていて、分解されるまで何百年もかかるといわれているよ。

分解するのに450年⁉

環境や植物の種類にもよりますが、ふつう、落葉などの植物が分解されて土になるには、数年はかかります。もし、それ以外のものが土にあったら、どれくらいかかるのでしょうか？ ペットボトルだと、なんと分解されるまで450年もかかってしまうといわれています。

ペットボトル
分解
されるまで
約450年

牛乳パック
分解
されるまで
約5年

かん電池
分解
されるまで
約100年

かん
分解
されるまで
約50年

プラスチックはやがて海へ出る

ペットボトルなどのプラスチックごみは、風に飛ばされたり、川から流れついたりすることで、海へ出ます。海に存在しているプラスチックごみは、合計で1億5000万t以上といわれています（2015年時点）。そこへ、毎年800万t（ジェット機5万機分）のごみが、新たに陸から流れこんでいると考えられています。プラスチックは太陽の光や波などでぼろぼろになり、細かくくだかれます。これが「マイクロプラスチック」となり、数百年以上、海をただよい続けると考えられています。

海岸に打ち上げられたごみ。外国のごみも多い。

香川県高松市で見つかったプラスチックのから。水田にまく肥料をプラスチックでおおったもので、残りのからが海まで流れてきている。
（写真提供：NPO法人アーキペラゴ）

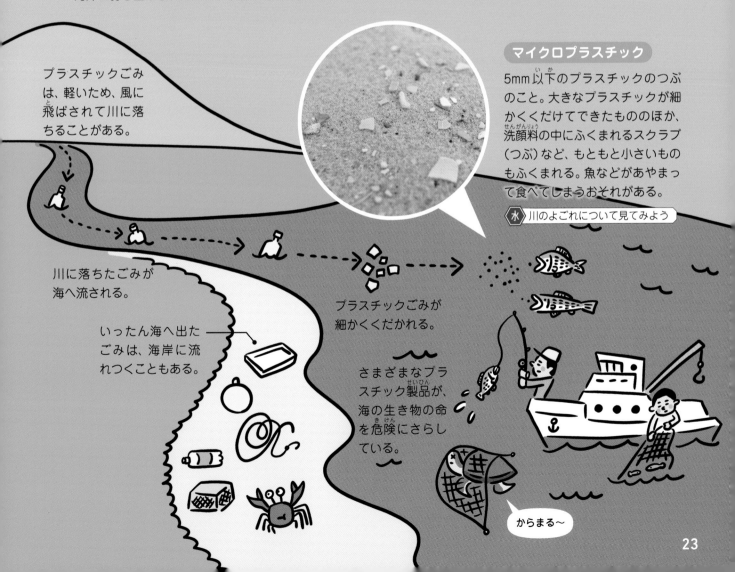

マイクロプラスチック

5mm以下のプラスチックのつぶのこと。大きなプラスチックが細かくくだけてできたもののほか、洗顔料の中にふくまれるスクラブ（つぶ）など、もともと小さいものもふくまれる。魚などがあやまって食べてしまうおそれがある。

(水) 川のよごれについて見てみよう

プラスチックごみは、軽いため、風に飛ばされて川に落ちることがある。

川に落ちたごみが海へ流される。

いったん海へ出たごみは、海岸に流れつくこともある。

プラスチックごみが細かくくだかれる。

さまざまなプラスチック製品が、海の生き物の命を危険にさらしている。

からまる〜

落葉の下を調べてみよう

落葉は土の中の生き物たちによって、少しずつ分解（→P.19）されていきます。
落葉をめくってその下のようすを調べ、土の中の生き物もさがしてみましょう。

準備するもの

- スコップ
- 軍手
- 土（小さなスコップ2はいくらい）
- 空のペットボトル（2L）1本
- 水切リネット
- 小皿
- 白熱灯
- カッターナイフ
- 虫めがね、けんび鏡 など

1. 落葉をめくってみよう

落葉をめくり、その下のようすを観察してみよう。土のようすはどうなっているかな。

> **注意！**
> 人の土地で観察したり、落葉や土をもち帰る場合は、土地の持ち主にゆるしをもらいましょう。

① 積もっている落葉をめくっていくと…

② 落葉が細かくバラバラになってきた。

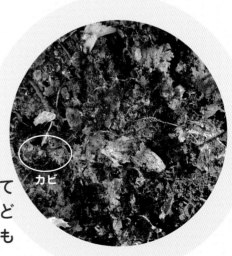

③ 黒い土が見えてきた。ところどころ白いカビもあった。

カビ

2. ツルグレン装置を使って土の中の生き物をさがそう

土の中の小さな生き物を集めるための装置「ツルグレン装置」をつくって、
落葉の下にどんな生き物がいるのかさがしてみよう。

＼＼ つくり方 ／／

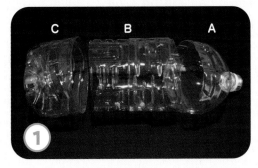

① ２Lのペットボトルをカッターナイフで３
つに切る。

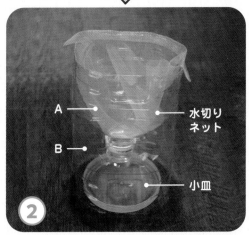

② Bの中にAを入れる。Aの内部に水切り
ネットをしき、注ぎ口の真下に水を入れた
小皿を置いておく。

少し土がまじった落葉
を平らにして水切り
ネットの上にしく。

ここに生き物が
落ちてくる。

③

白熱灯をつける。土の中の生き物は光と熱をきら
うため、土の中へもぐっていき、少しずつ小皿に
落ちてくる。

注意！
カッターナイフはおとなといっしょに使いましょう。また、白熱灯
はとても熱くなるため、土の中の落葉が燃えたり、ペットボトルが
とけたりする危険があります。ペットボトルに近づけすぎないよう
にし、実験中はかならずその場をはなれないようにしましょう。

考えてみよう

落葉の下にあるふかふかの土の中に多く見られる、
ダニやクモ、トビムシなどはほとんどが１～数mm
の大きさで、肉眼での観察はむずかしいため、虫め
がねやけんび鏡を使うとよいでしょう。また、畑の
土などでは、生き物の種類にちがいがあるか、くら
べてみてもおもしろいでしょう。

ダニのなかま。土の
中のダニは、人をか
んだりはしない。

トビムシのなかま。
白いものと黒いも
のがいた。

地球を救う科学の力
バイオプラスチック

プラスチック（→P.22）の多くは石油をもとにつくられます。そのため、自然界でなかなか分解（→P.19）されず、ごみとして残り続けます。しかも、ごみとなったプラスチックを燃やすことで、温暖化の原因となる二酸化炭素（→P.47）が出ます。そこで、環境にやさしい「バイオプラスチック」が注目されています。

バイオプラスチックって何？

バイオプラスチックとは、植物などを原料とした「バイオマスプラスチック」と、微生物（→P.18）のはたらきで最終的に二酸化炭素と水に分解できる「生分解性プラスチック」に分けられます。また、これら両方の特長をもっているバイオプラスチックもあります。

> 空気 温暖化、化石燃料、カーボンニュートラルについて見てみよう

↑ 化石燃料が原料

これまでのプラスチック

石油などの化石燃料を原料につくったプラスチック。使わなくなったものは一部リサイクルできるが、多くは燃やしている。

← 分解されない

問題点
● 値段が高い。
● 石油からつくられたプラスチックをまぜてつくっているものもある。
● 植物を原料にしているため、原料不足になる可能性がある。

バイオマスプラスチック

植物（家畜用のトウモロコシなど）を原料としている。原料となる植物は、二酸化炭素を吸収するため、ごみとして燃やしても二酸化炭素のはい出が全体としてゼロになる「カーボンニュートラル」という特長がある。レジぶくろや卵のパックなどに使われている。

レジぶくろ

卵のパック

植物などが原料 ↓

細かく分解されていく！

最初	30日後	60日後	90日後
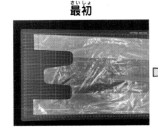	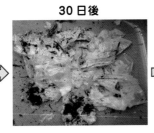		

生分解性プラスチックでつくられたレジぶくろが、微生物のはたらきによって分解されていくようす。

（写真提供：日本バイオプラスチック協会）

生分解性プラスチック

原料は化石燃料から植物までさまざま。微生物によって水と二酸化炭素に分解されるという特長がある。土の中で分解されるため、回収する必要がなく、農業用品などに使われることが多い。

ごみぶくろ

プランター

農業用品

植物が原料で分解もされるプラスチック

バイオマスプラスチック、生分解性プラスチックの両方の特長をもっている。

問題点

● 値段が高い。
● まわりの環境によって分解される時間が変わる。
● ふつうのプラスチックにくらべ、熱などに弱い。
● 適切に分別されずに燃やされると、分解される特長が活かせない。

分解される

プラスチックごみそのものをへらすこと、きちんと分別することも大切だね！

もっと知りたい！

海では分解されない？

現在使われている生分解性プラスチックは、土では分解されるものの、海中では分解されにくいといわれています。そのため、海でも分解されるプラスチックの開発も進められています。

海中をただようレジぶくろ。

③ 森と土は水をためてきれいにする

森の地面には、たえず落葉が積もっていて、ふかふかの土になっている（→P.20）。
そのため、森の土には、水分をたくわえる力があるんだ。

森にふった雨は少しずつ川へ流れていく

❶雨や雪がふる。

森の土は、小さな土のつぶが集まってできたかたまり「団粒構造（→P.20）」になっています。このため、森にふった雨や雪は、少しずつ土の中にしみこみ、ためこまれます。その後、ゆっくりとろ過されてきれいになっていき、地下水となります。地下水は地上に出て、川へ流れこみます。

❷土の中に少しずつ水がしみこむ。

❸きれいな地下水となる。

❹地上へ出て、川へ流れこむ。

水 水が川から海へ流れるようすを見てみよう

高知県津野町の四万十川の源流点。
源流点とは、川が流れ出るもととなる場所。四万十川は「名水百選（環境省が決めた全国の「名水」とされる100か所）」にも選ばれている。

土の中できれいに
なった水がしみでてきて、
川になるんだね

水をきれいにする森と
土の力が弱まっている!?

森と土が弱ってくると水をたもてなくなる

木を切りすぎたり、手入れしなかったりしてあれてしまった森の土は、ふかふかの土ではなくなる。すると、水をためこんでろ過する力も失われてしまうんだ。

森は緑のダムとよばれている

豊かな森の土は、「団粒構造(→P.20)」とよばれる、すき間が多いふかふかの土になっています。さらに、木や草の根も水をためこむため、雨や雪は土にたくさんたくわえられ、きれいになりながらゆっくりと川へ集められます。このようなはたらきをもつ森は、「緑のダム」とよばれています。いっぽうで、無計画な森林ばっ採（木を切ること）によって落葉などが積もらなくなった森や、手入れをせずあれはてた森では、木や草の根がかれ、「単粒構造（→P.21）」とよばれるすき間のない土になってしまいます。

豊かな森がある場合

つねに土に落葉が積もっているため、栄養豊富な土になる。木の根が深くはり、土が流れないようしっかりとおさえている。また、長くのびた根は、かたい石や岩のあいだにはり出し、土をつくるのに役立つ。

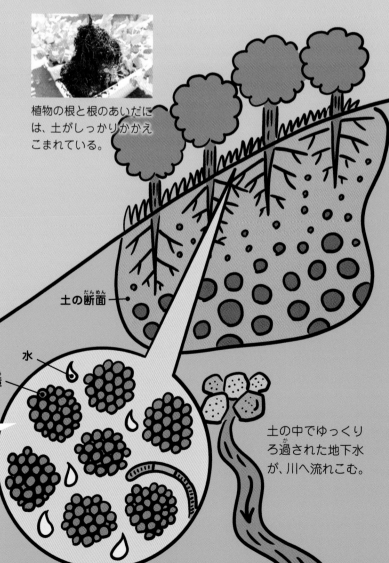

植物の根と根のあいだには、土がしっかりかかえこまれている。

土の断面

水

団粒構造

土の中でゆっくりろ過された地下水が、川へ流れこむ。

水は土にしみこみやすい。水のよごれは、土の中を流れていくあいだに取りのぞかれ、同時に植物の成長に必要な養分をとかしこむ。

手入れがされていない森とは

日本では、木材にするために、人が植え
たスギやヒノキなどの人工林が多くあり
ます。人工林では、地面付近の草にも太陽
の光が当たるように、定期的にのびたえ
だや幹を切るといった手入れが必要です。
日本には、このような手入れがされてい
ない「放置林」とよばれる森がたくさんあ
り、問題になっています。

放置林のようす。森の
中は太陽の光がとどか
ないため暗く、小さな
木や草などが育たなく
なる。このような森の
土はかたく、水をため
こむ力が弱い。

（出典：林野庁 Web サイト https://
www.rinya.maff.go.jp/j/kanbatu/
suisin/kanbatu.html）

あれた森の場合

土に落葉が積もらず、養分が少なくかたい土になる。
木の根も浅くしかはれず、土をおさえられなくなる。

土の断面

水は土にしみこ
みにくくなる。

単粒構造

危険な土砂災害

あれた森の土は、すき間が少なく、
水をあまり吸収しません。そのた
め、そのまま水が土といっしょに流
れ出やすくなり、川の水があふれ出
ることもあります。また、土そのも
のが大量に流され、土砂くずれな
どの災害を起こす危険もあります。

土砂くずれでは、
大量の土や石な
どが一気にくず
れる。

土に水がしみこみ
にくいため、土の表
面をけずりながら、
よごれた水が一気
に川へ流れこむ。

よごれた水をきれいにしよう

土はよごれた水をきれいにする力があります。かんたんなろ過装置をつくって、どろ水をきれいにしてみましょう。

準備するもの

- ●空のペットボトル（500mL）2本　●小石（1〜2cm）　●砂利　●砂
- ●活性炭（小石、砂利、砂、活性炭はそれぞれコップ1ぱい分くらい）
- ●ガーゼ　●脱脂綿　●ビニールテープ
- ●輪ゴム　●カッターナイフ

※小石、砂利、活性炭はきれいに洗ってから使おう。

活性炭とは？
石炭や木材などをもとにつくった炭で、においやよごれをとるはたらきがある。

①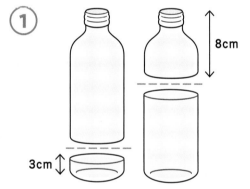

ペットボトルをそれぞれ上の絵のように、カッターナイフで切る。

注意！
カッターナイフはおとなといっしょに使いましょう。

②

切り口にビニールテープをはる。

③

注ぎ口に脱脂綿をつめ、ガーゼを二重にしてかぶせ、輪ゴムでとめる。

④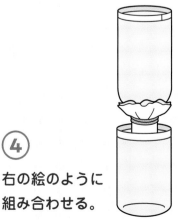

右の絵のように組み合わせる。

⑤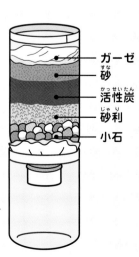

下から小石、砂利、活性炭、砂、二重に折りたたんだガーゼの順に入れていく。

いよいよ ろ過実験開始！

⑥ 砂場の砂を少しまぜてよごれた水を
つくろう。

⑦ あふれないように少しずつ
注いでいく。

元のよごれた水　　　　きれいになった水

きれいに
なった！

⑧
1回のろ過で
だいぶきれい
になった。

> **注意！**
> 水の中には目に見えない細菌
> などがたくさん入っているの
> で、きれいになった水でも飲
> んではいけません。

考えてみよう

よごれた水の中には、よごれのもととなる、さまざまな大きさのつぶ
が入っています。この実験では、まずガーゼのあみの目を通れないよ
ごれが取りのぞかれ、次に砂と砂のあいだを通れないよごれが取り
のぞかれます。活性炭のつぶには、目に見えない細かい穴があいてお
り、そこに、さらに小さいよごれがくっつくことで水がきれいにな
ります。下の砂利や小石は、活性炭が下にしずまないようにするた
めに入れています。今回のろ過装置以外では、コーヒーフィルター、
ティッシュペーパーなどでもろ過できます。試してみましょう。

ティッシュペー
パーを数枚重ね
た場合も、きれい
にろ過された。

④ 森や土は気温を下げる

あつい夏の日、森の中に入ったら、すずしいと感じたことはない？すずしいと感じる理由のひとつは、木の葉が太陽の光をさえぎっているから。もうひとつは、植物の「蒸散」という力がはたらくからだよ。

植物は根から取り入れた水を葉から出す

植物は、光合成（→P.47）に必要な水を根から吸収します。根から吸収された水は、くきなどを通って植物のからだ全体に行きわたり、最後には葉から出ていきます。水は蒸発して水蒸気（→P.47）となって空気中に放たれます。これを「蒸散」といいます。

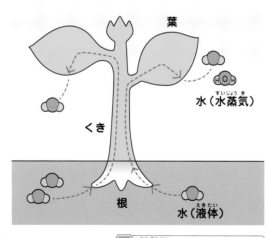

葉

水（水蒸気）

くき

根

水（液体）

根、くき、葉には水の通り道があり、葉で水蒸気となって外へ放たれる。

空気 光合成について見てみよう

小6 植物のからだのはたらき

森の中はとてもひんやりするね

白神山地のブナ林。

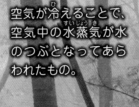

霧（きり）

空気が冷えることで、空気中の水蒸気が水のつぶとなってあらわれたもの。

温度を下げる気化熱（きかねつ）

中学生以上

液体（えきたい）の水が蒸発（じょうはつ）して水蒸気（すいじょうき）になるには、熱（ねつ）が必要（ひつよう）になります。その熱を「気化熱（きかねつ）」といいます。水はまわりから熱を吸収（きゅうしゅう）し、空気中の水蒸気をたもつ役割（やくわり）をします。森がすずしいのは、植物が蒸散（じょうさん）をおこなうことで、まわりの熱が気化熱として吸収（きゅうしゅう）されているためです。また、水をためこむ土からも少しずつ水が蒸発（じょうはつ）しているため、そこでも熱（ねつ）が気化熱（きかねつ）として吸収（きゅうしゅう）されます。

気化熱（きかねつ）

水（水蒸気）（すいじょうき）

気化熱（きかねつ）

森がなくなることで、気温がものすごく上がるって本当？

アスファルトでおおわれた場所は気温が上がる

人がたくさんくらす都市部では、森がなくなり、地面はアスファルトでおおわれてしまっている。コンクリートのビルがならび、自動車もたくさん走っているような場所では、気温が上がってしまうんだって。

都市部で起こる『ヒートアイランド現象』

森の中は、日かげが多く、木や土と草でおおわれた地面が水をたくさんためこんでいます。そのため、もともと気温が上がりにくく、ためこまれた水分が蒸発（→P.34）するときに吸収する気化熱（→P.35）によってもすずしくなります。いっぽうで、アスファルトにおおわれた都市部では、熱されやすいだけでなく、水は地面にしみこみにくく、下水道に流れていくため、地面の熱が気化熱として吸収されにくくなってしまいます。夜になっても地上付近の熱はなかなか下がりません。これを「ヒートアイランド現象」といいます。

気化熱
水が蒸発するときに、まわりから吸収する熱のこと。

雨がふっても、地面にゆっくりしみこんでいくため、川の水があふれにくい（→P.30）。

森などがある郊外
木かげがあり、太陽の光が直接地面に当たらない。また、地上付近の熱は、気化熱として吸収されやすいため、気温が上がりにくい。

都市部で起こりやすい短時間のはげしい雨

ヒートアイランド現象によって、しめった空気があたためられて上空に移動すると、かぎられた地域に積乱雲が発生し、短時間ではげしい雨をもたらすことがあります。これを「局地的大雨」といいます。また、都市部では地面に雨水がしみこみにくいため、雨水が一気に川へ流れこみ、あふれ出ることもあります。

空気 雲のでき方について見てみよう

都市部で発生している局地的大雨。「ゲリラ豪雨」ともよばれている。

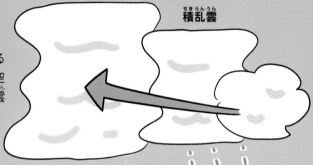

局地的大雨

かぎられた地域で短時間にふるはげしい雨のこと。しめった空気が都市部に流れこみ、積乱雲ができることによって起こる。

積乱雲

水蒸気（→ P.47）

都市部

地面が、熱されやすいアスファルト、コンクリートなどにおおわれているため、気温が高くなる。また、エアコンの室外機、自動車のはいガスにふくまれる熱などによっても気温が上がる。

熱

屋上緑化

雨水が地面にしみこみにくいため、はげしい雨によって川の水があふれる可能性がある。

海

気化熱

ヒートアイランド現象をやわらげるために、屋上に木や草を植えたり（屋上緑化）空き地に公園をつくったりする試みがされている。

気化熱の冷やす力をさぐろう

気化熱（→P.35）とは、水が蒸発（→P.34）するときに、まわりから吸収する熱のことです。身近なものを使って、気化熱をからだで感じてみましょう。

ぬれたタオルで
からだをふくと…

あついとき、水でぬらしたタオルでからだをふき、せんぷう機の風に当たってみよう。風に当たることで、からだについた水が蒸発するとき、気化熱としてからだの熱を吸収するため、すずしく感じる。

お湯でぬらしたタオルを
ふりまわすと…

手でさわれるくらいのあつめのお湯でぬらしたタオルをしぼったものを2本用意する。1本は勢いよくふりまわし、もう1本はしぼったままで置いておく。両方のタオルをさわると、どちらがあたたかいかな？

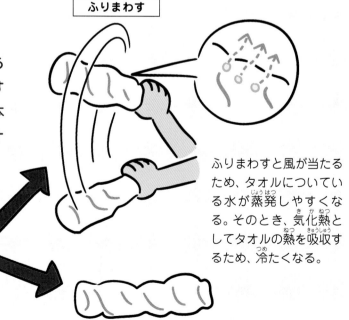

ふりまわす

ふりまわすと風が当たるため、タオルについている水が蒸発しやすくなる。そのとき、気化熱としてタオルの熱を吸収するため、冷たくなる。

お湯でぬらしたタオルをしぼったもの

そのまま置いておく

お湯をスプレーすると…

手でさわれるくらいのあつめのお湯を霧吹きの中に入れる。空中に霧吹きでお湯をまいて、それを手でさわってみよう。あたたかいかな？　冷たいかな？

冷たい！

あつめのお湯

霧吹きで水をまくと、水は細かいつぶになり、からだについたときにすぐに蒸発してしまう。そのとき、気化熱としてからだの熱を吸収するため、冷たく感じる。

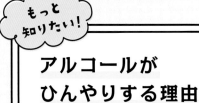

もっと知りたい！

アルコールがひんやりする理由

消毒用のアルコールを手につけると、ひんやりします。アルコールは水にくらべて、より低い温度で蒸発するため、吸収する熱量も多くなり、ひんやりするのです。

考えてみよう

気化熱の「ものを冷やす力」を利用したものは、身近にたくさんあります。たとえば、あつい夏の日に、地面に水をまく打ち水や公園などにあるミストも気化熱を利用したものです。部屋の中だと、水でぬらしたタオルをせんぷう機の前にかけておくと、室温を下げることができます。また、冷蔵庫やエアコンの冷やすしくみにも気化熱が使われています。

打ち水は朝や夕方など、水が蒸発するまで時間がかかる、日差しが弱いときにおこなうと、長い時間、地面の温度を下げておくことができる。

⬡5 森は生き物の宝庫

森には多くの生き物がくらしていて、複雑に関わり合っている。このようなまとまりを「生態系」という。生き物たちは、太陽の光のエネルギーをもとに、環境の中で、おたがいが「食べる」「食べられる」という関係でつながっているよ。

生産者
光合成をおこなう植物。太陽の光、二酸化炭素、水から、でんぷん（有機物→P.47）をつくる。

空気 光合成について見てみよう

消費者
植物を食べる草食の動物。一次消費者ともいう。

ツチイナゴ

消費者
一次消費者を食べる肉食の動物。二次消費者ともいう。

アマガエル

分解者（→ P.19）
落葉や生き物の死がい、ふんなどの有機物を分解して、無機物（→P.47）に変える土の中の生き物。

ヤスデ

ミミズ

ダンゴムシ

生物ピラミッド

生き物の「食べる」「食べられる」というつながりは「食物連鎖」といいます。もっとも生き物の数が多いのが「分解者」とよばれるグループで、その次が「生産者」、次に「消費者」の順になります。食べられるほうが、食べるほうよりも数が多く、全体はピラミッドの形となり、うまくバランスがとられています。これを「生物ピラミッド」といいます。

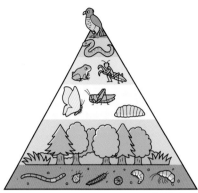

生物ピラミッド。数の多い分解者、生産者が生態系をささえていることがわかる。

消費者
二次消費者を食べる肉食の動物。三次消費者ともいう。

ヤマカガシ

消費者
三次消費者を食べる肉食の動物。高次消費者ともいう。

クマタカ

カビ

生き物たちが危機にさらされ、生態系のバランスがくずれている？

多様性が
おびやかされている

「生物多様性」とは、多種多様な生き物どうしのつながりのこと。数千万種ともいわれる生き物たちは、おたがいに関わりながら、生態系をささえている。それが、人間の活動によって、危機にさらされているんだ。

4つの危機とは？

世界では、年間約4万種の生き物が絶滅し、すがたを消しているといわれています。南北に長い日本列島には、さまざまな気候に合わせた、多種多様な生き物がくらしていますが、人間の活動によって数がへり、絶滅のおそれが高い生き物も多くいます。そこで、国は、日本の生物多様性が失われる、「4つの危機」をあげています。

❷自然に対するはたらきかけの減少による危機

都市部への人口集中などによって、山に近い集落にくらす人が少なくなり、雑木林（→P.45）が手入れされなくなった。その結果、自然があれはて、生態系のバランスが変わってきてしまっている。

❶開発による危機

道路や住宅地をつくるための森林ばっ採や川の改修、うめ立てなどの「開発」や、ペットにしたり毛皮をとったりするためにむやみに生き物をつかまえる「乱獲」をした結果、生き物の数が少なくなっている。

人の活動によって数がおさえられていた、シカ、サル、イノシシなどの数が増え、植物を食いあらす被害が出ている。

あの山をくずして
マンションを
建てるんだ

人間が少なく
なったから
やりたい放題〜

陸と海の30％以上を保全する30by30

生物多様性を回復させるため、2030年までに、少なくとも地球上の陸と海それぞれ30％の面積を保護しようとする国際的な取り組み「30by30」がスタートしています。それぞれの国が、自分の国の面積の30％を保護すると、植物や動物が絶滅する危険性を30％へらす効果が見こまれるとされています。30by30を達成するために、広大な森林面積をもつ国立公園をはじめ、里山（集落に近い山すそ）や企業が所有する森、お寺や神社の森などが、自然共生サイトとして、地域や企業などによって保護されています。

（写真提供：サントリーホールディングス株式会社）

自然共生サイトのひとつ、サントリー「天然水の森 ひょうご西脇門柳山」。

標高が高い場所でのみ見られる、高山植物による「お花畑」。このような風景が今後見られなくなるかもしれない。

日本の本州では、標高2000〜3000mが高い木が生えて森になる限界の高さ。しかし、温暖化によってその標高が少しずつ上がっている。

❸人間に持ちこまれたものによる危機

もともとその地域にいない生き物が持ちこまれることで、生態系に悪いえいきょうをあたえている。このような生き物は「外来生物」とよばれており、そこにくらす生き物を食べたり、生活する場所をうばったりする。

外国からペットとして持ちこまれたアライグマが野生化して、タヌキの生息地をうばっている。

❹地球環境の変化による危機

温暖化によって、生き物が生息する場所が変化している。たとえば、山の標高が高い場所では、ふつう気温が低いため、高い木は育たず森はできないが、温暖化によって気温が上がることで、高い木が育つようになった。それによって、本来標高が高い場所に生育している高山植物が生える場所がせばまってきている。

空気 温暖化について見てみよう

わぁ〜
なにこの動物、
見たことない！

ぜんぶ、人間の
せいなのか…

森を感じてみよう

森といっても、わざわざ山へ登る必要はありません。近所の公園、神社、お寺など散歩コースにある森で十分です。見たり、聞いたり、さわったり、さまざまな感覚をとぎすましながら、森を散歩してみましょう。

準備するもの

● デジタルカメラ（スマートフォンでもOK）

今回は冬の森を歩いてみたよ

寒さ対策をしっかりしよう。

チェックポイント

見ること、聞くこと、においをかぐこと、さわること。森を歩くときは、いろいろな感覚をしっかり活用して、森を深く知ろう。

● 森の中は明るい？　暗い？
● 森の中ではどんな音が聞こえる？
● 木の幹はどんな手ざわり？
● 地面には何が落ちている？
● 森の中はどんなにおいがする？

季節によって見るもの、聞こえる音、いろいろ変わるよ

見る・聞く

冬の木のえだは葉が少なく、日当たりがよかった。鳥の鳴き声が聞こえた。

木の根元にはたくさんの落葉が落ちていた。ふむとカサカサ音が鳴った。

幹は木の種類によってさわりごこちがちがう。写真はサワラの幹。皮がところどころめくれている。

ヤスデの仲間。からだをくるんと巻いてねむっていて動かなかった。

落葉の下にうもれていたえだ。スポンジのようにやわらかくなっていた。

かぐ

落葉のにおいをかいでみよう。

考えてみよう

身近にある森は、もとは自然だった林を、人が手入れすることで成り立っています。これを「雑木林」といい、クヌギやコナラなどが生えていて、下草がかってあり、明るいのが特ちょうです。昔、人びとは、雑木林の木を炭やまきに使うため、定期的に切り、落葉は集めて肥料などにしていました。今では、そのようなこともおこなわれなくなったため、放置されている雑木林もありますが、自然公園などでは、きちんと手入れされています。

埼玉県新座市の野火止緑地総合公園の中の雑木林。

さくいん

※見開き両方のページに出てくる場合は、くわしく
説明しているページをのせています。

この本で出てくる むずかしい言葉

光合成（こうごうせい）
陸上植物や植物プランクトンが、二酸化炭素と水、太陽のエネルギーを利用して、でんぷんなどの養分をつくること。つくられた養分は、植物の葉、根、果実などにためられ、動物の食べ物となり、生態系をささえるもととなっている。

水蒸気（すいじょうき）
液体の水が蒸発した気体のこと。

二酸化炭素（にさんかたんそ）
室温では透明なガスで、生き物の呼吸やものが燃えるときに空気中にはい出される。温暖化の原因のひとつ。

無機物（むきぶつ）
有機物以外の物質。かんたんな化合物である二酸化炭素（CO_2）や、一酸化炭素など。ちっ素やリンなども無機物の一種で、植物の養分となる。

有機物（ゆうきぶつ）
炭素「C」をふくむ化合物のことで、たんぱく質や脂肪のような生き物の材料になるもの。環境中に出る生き物の死がい、ふん、木の葉なども有機物からなる。植物は光合成をすることで、二酸化炭素と水（無機物）からでんぷん（有機物）をつくり出すことができる。

著 川村康文（かわむら やすふみ）

1959年京都府生まれ。京都教育大学卒業。京都大学大学院エネルギー科学研究科博士後期課程修了。博士（エネルギー科学）。京都教育大学附属高等学校教諭などを務めた後、現在、東京理科大学教授、北九州市科学館スペースLABO館長。研究テーマは、STEAM教育（たのしい理科実験・サイエンスショーなど）、エネルギー科学（サボニウス型風車風力発電機など）。「科学のおもしろさ」を伝えるため、幼稚園や保育園をはじめ、小学校、中学校、高校、大学で出前実験をしている。著書に『うかぶかな？しずむかな？』（遠藤宏・写真、岩崎書店）、『園児と楽しむはじめてのおもしろ実験12ヵ月』（小林尚美共著、風鳴舎）、『親子で楽しむ！おもしろ科学実験12か月』（小林尚美共著、メイツ出版）など多数。

装丁・デザイン	黒羽拓明	
イラスト	ないとうあきこ	
	ひらのあすみ	
	山中正大	
	わたなべふみ	
校正	株式会社鷗来堂	
	株式会社みね工房	
編集制作	株式会社KANADEL	

写真提供（五十音順・敬称略）
NPO法人アーキペラゴ
小野裕（信州大学農学部）
サントリーホールディングス株式会社
日本バイオプラスチック協会
PIXTA
フォトライブラリー

理科の力で考えよう！
わたしたちの地球環境
③ 森と土を守ろう

2024年3月31日　第1版発行

著　　　川村康文
編　　　株式会社KANADEL

発行者　小松崎敬子
発行所　株式会社岩崎書店
　　　　〒112-0005　東京都文京区水道1-9-2
　　　　電話 03-3812-9131（営業）　03-3813-5526（編集）
　　　　振替 00170-5-96822
印刷　　株式会社光陽メディア
製本　　大村製本株式会社

理科の力で考えよう！

わたしたちの地球環境

全3巻

川村康文 〔著〕

岩崎書店

この本の「やってみよう！」「調べてみよう！」について、取り組んだ
結果と、そこから考えたことをワークシートにまとめてみましょう。

やってみたこと、調べてみたこと

予 想

結 果

考えたこと、気づいたこと

疑問に思ったこと、さらに調べたいこと